村镇供水行业专业技术人员技能培训丛书

供水管道工2

常用工具及安全操作知识

主编 尹六寓　副主编 危加阳 李扬红 庄中霞

U0262240

中国水利水电出版社

www.waterpub.com.cn

内 容 提 要

本书是"村镇供水行业专业技术人员技能培训丛书"中的《供水管道工》系列第 2 分册,详尽介绍了村镇供水管道工的常用工具及安全操作知识。全书共分 3 章,包括村镇供水管道工安全知识、管工常用工具及基本操作、管工的基本操作等内容。

本书采用图文并茂的编写形式,内容既简洁又不失完整性,深入浅出,通俗易懂,非常适合村镇供水从业人员岗位学习参考,亦可作为职业资格考核鉴定的培训用书。

图书在版编目(CIP)数据

供水管道工. 2,常用工具及安全操作知识 / 尹六寓主编. -- 北京 : 中国水利水电出版社, 2015.10
(村镇供水行业专业技术人员技能培训丛书)
ISBN 978-7-5170-3727-9

Ⅰ. ①供… Ⅱ. ①尹… Ⅲ. ①给水管道-给水工程
Ⅳ. ①TU991.33

中国版本图书馆CIP数据核字(2015)第248480号

书　　名	村镇供水行业专业技术人员技能培训丛书 **供水管道工 2 常用工具及安全操作知识**
作　　者	主编 尹六寓 副主编 危加阳 李扬红 庄中霞
出版发行	中国水利水电出版社 (北京市海淀区玉渊潭南路 1 号 D 座　100038) 网址:www.waterpub.com.cn E-mail:sales@waterpub.com.cn 电话:(010) 68367658(发行部)
经　　售	北京科水图书销售中心(零售) 电话:(010) 88383994、63202643、68545874 全国各地新华书店和相关出版物销售网点
排　　版	中国水利水电出版社微机排版中心
印　　刷	三河市鑫金马印装有限公司
规　　格	140mm×203mm　32 开本　2.875 印张　77 千字
版　　次	2015 年 10 月第 1 版　2015 年 10 月第 1 次印刷
印　　数	0001—3000 册
定　　价	**10.00 元**

《村镇供水行业专业技术人员技能培训丛书》
编写委员会

序

近年来，各级政府和行业主管部门投入了大量人力、物力和财力建设农村饮水安全工程，而提高农村供水从业人员的专业技术和管理水平，是使上述工程发挥投资效益、可持续发展的关键措施。目前，各地乃至全国都在开展相关的培训工作，旨在以此方式提高基层供水单位的运行及管理的专业化水平。

与城市集中式供水相比，农村集中式供水是一项新型的、方兴未艾的事业，急需大量的、各层次的懂技术、会管理的专业人才，而基层人员又是重要的基础和保证。本丛书的编者们结合工程实践、提炼技术关键、总结管理经验，认真分析基层供水行业技术和管理人员的基础知识和认知能力，依据农村供水行业各工种岗位应知应会的要求，编写了这套由浅入深、图文并茂、通俗易懂、操作指导性强的系列丛书，以方便农村供水从业人员在日常工作中学习、查阅和操作。该丛书按照工种岗位职业资格标准编写，体现出了职业性、实用性、通俗性和前瞻性，可作为相关部门和企业定岗考核的重要参考依据，也可供各地行业主管部门作为培训的参考资料。

本丛书的出版是对我国现有农村供水行业读物的

一个新的补充和有益尝试，我从事农村饮水安全事业多年，能看到这样的读物出版，甚为欣慰，故以此为序。

2013 年 5 月

前　言

　　我国村镇集中式供水与城市供水相比是一项新兴的事业，开展村镇供水行业技术人员的培训是提高村镇供水从业人员技术和管理能力、推进在村镇供水行业中有步骤开展职业资格证制度的一项重要基础性工作。在总结广东省村镇供水行业技术人员培训工作和对现有村镇供水培训教材调研的基础上，编写一套针对性强，方便学习、查阅和指导日常操作的培训丛书是十分必要和迫切的。在广东省水利厅的大力支持下，组织有关专家编写了本套"村镇供水行业专业技术人员技能培训丛书"，以满足村镇供水从业人员技能培训和职业技能鉴定的需要。丛书以工种岗位职业资格标准为大纲，体现职业性、实用性、通俗性和前瞻性。

　　本丛书共包括《供水水质检测》《供水水质净化》《供水管道工》《供水机电运行与维护》《供水站综合管理员》等5个系列，每个系列又包括1~3本分册。丛书内容简明扼要、深入浅出、图文并茂、通俗易懂，具有易读、易记和易查的特点，非常适合村镇供水行业从业人员阅读和学习。丛书可作为培训考证的学习用书，也可作为从业人员岗位学习的参考书。

　　本丛书的出版是对现有村镇供水行业培训教材的一

个新的补充和尝试，如能得到广大读者的喜爱和同行的认可，将使我们备感欣慰、倍受鼓舞。

村镇供水从其管理和运行模式的角度来看是供水行业的一种新类型，因此编写本套丛书是一种尝试和挑战。在编写过程中，在邀请供水行业专家参与编写的基础上，还特别邀请了村镇供水的技术负责人与技术骨干担任丛书评审人员。由于对村镇供水行业从业人员认知能力的把握还需要不断提高，书中难免还有很多不足之处，恳请同行和读者提出宝贵意见，使培训丛书在使用中不断提高和日臻完善。

丛书编委会

2013 年 5 月

目　录

第1章 村镇供水管道工安全知识

为了保证施工人员的人身安全和国家财产安全及工程质量，所有参加施工的工作人员都必须认真学习安全技术操作规程，并熟知本工种安全技术操作规程的内容。未经安全技术教育的工作人员，不得直接参加施工。对本工种安全操作技术规程不熟悉者，不得独立施工。

1.1 管道施工安全生产基本要求

（1）进入现场，必须戴好安全帽、扣好帽带。并正确使用个人劳动防护用品。

（2）3m 以上的高空、悬空作业，无安全设施的，必须系好安全带，扣好保险钩。

（3）为高空作业而搭设的脚手架，必须牢固可靠，侧面应有栏杆，脚手架上铺设的跳板必须结实，板的两端必须绑扎在脚手架上。

（4）使用梯子时，竖立的角度不应大于 60°和小于 35°。梯子上部应当用绳子系在牢固的物件上。梯脚应当用麻布或橡胶皮包扎，或由专业人在下面扶住，以防梯子滑倒。

（5）高空作业使用的工具、零件等，应放在工具袋内，或放在妥善的地点。上下传递物件不得抛掷，而应系在绳子上吊上或放下，不得向下或向上乱抛材料和工具等物件。

（6）吊装管子的绳索必须绑牢，吊装时要服从统一指挥，动作要协同一致。管子吊上支架后，必安装管卡，不得浮放在支架上，以防掉下伤人。

（7）各种电动机械设备，必须设有可靠有效的安全接地和防雷装置方能开动使用。不懂电气和机械的人员，严禁使用和摆弄机电设备。

（8）吊装区域非操作人员严禁入内，吊装机械必须完好，抱杆垂直下方不得站人。

（9）施工现场整齐清洁，各种设备、材料和废料应按指定地点堆放。在施工现场应按指定的道路行走，不得从危险区域通过，不得在吊起物件下通过或停留，要注意与运转着的机械保持一定的安全距离。开始工作前，应检查周围环境是否符合安全要求，劳保用品是否完好适用。如发现危及安全工作的因素，应立即向技术安全部门或施工负责人报告。清除不安全因素后，才能进行工作。

（10）安排工作时，应尽量避免多层同时施工。如必须多层同时施工时，应在中层设置安全隔板或安全网，在下面工作的人员必须戴安全帽。

（11）在金属容器内或潮湿的场所工作时，所用照明灯的电压应为 12V。环境较为干燥时，电压不得超过 25V。搬运和吊装管子时，应注意不要与裸露的电线接触，以免发生触电事故。

（12）在进入含有有毒有害气体、液体或粉尘的作业现场工作时，除应有良好的通风或适当的除尘设施外，安装人员必须戴口罩、护目镜或防毒面具等防护用品。

（13）油类及其他易燃易爆物品，应放在指定的地点。氧气瓶和乙炔发生器与火源的距离，应不小于 10m。

（14）在协助电焊工组对管道焊口时，应有必要的保护措施，以防弧光刺伤眼睛，脚应站在干燥的木板或其他绝缘板上。

1.2 常用设备的安全使用

（1）各种机具和设备在使用前应进行检查，如发现有破损，应修复后才能使用。电动工具和设备应有可靠的接地措施，使用前应检查是否有漏电现象，使用后应关闭电源。

（2）使用电动工具或设备时，应在空载的情况下启动。操作人员应戴上绝缘手套。如在金属台上工作，应穿上绝缘胶鞋或在工作台上铺设绝缘垫板。电动工具或设备发生故障时，应及时进行修理。

（3）紧固螺栓应当使用合适的扳手。扳手不能代替榔头使用，在使用榔头和操作钻床时不得戴手套。

（4）操作电动弯管机时，在机械停止转动前，应注意手和衣服不要接近旋转的弯管模具，不能从事调整停机挡块的工作。用手工切断管子时，不能过急、过猛。管子将断时应有人扶着，以免管子坠落伤人。用砂轮切割机切断管子时，被切的管子除用切割机本身的夹具夹持外，还应当有适当的支架支撑。

（5）操作火焰煨弯机时，应注意气压表、水压表、减压阀的灵敏度和可靠性，水封回火器必须保持在安全水位。乙炔的压力控制在 0.05～0.15MPa，氧气压力控制在 0.4～0.6MPa。工作完毕，应断电、断水。

1.3　铅、塑料、油漆等施工的防护

（1）铅是有毒的物质，能通过呼吸道和皮肤侵入人体。如果侵入人体的铅过多，就会引起中毒。因此，铅管安装现场应通风良好。在容器内工作时，必须设有通风装置。下料前，应当用水将铅材表面润湿，以防止含铅的灰尘飞扬。工作场地要经常打扫，工作时应穿戴必要的防护用具。食物和饮料不得带入现场，更不能在现场进餐，下班后应洗澡、换衣、漱口，然后才能进食。

（2）聚氯乙烯塑料加热时，会产生有毒气体。因此，聚氯乙烯塑料加热及焊接的地点应当通风良好。加热时，应注意防护，避免烫伤。用甘油进行加热时，应注意防火。

进行塑料热空气焊时，在使用电热式焊接前，应当先开空气压缩机，后打开电源。停止使用时，应当先关电源，后关空气压缩机。

（3）各种油漆的挥发物对人体有害，在管道防腐施工中，施工人员应戴口罩，尤其是采用喷涂施工时，更应注意戴好防护

用品。

油漆的原料多是易燃物质，油漆是喷涂油漆材料时更易起火燃烧。银粉、铅粉、锌粉易在空中飞扬，遇明火会发生爆炸。因此，施工现场应妥善管理，严禁烟火，存放和使用位置应远离火源。

（4）有些保温材料对人身体也有伤害，例如石棉、玻璃棉、矿渣棉等纤维性材料，易在空气中飞扬，吸入人体或落在皮肤上都是有害的，在保温施工中，应戴口罩，穿好劳保服，并戴安全帽。

1.4　管道试压、吹洗的安全技术

（1）管道试压前，应检查管道与支架的紧固性和堵板的牢靠性。确认无问题后，才能进行试压。

（2）压力较高的管道试压时，应划定危险区，并安排人员负责警戒，禁止无关人员进入。升压和降压都应该缓慢进行，不能过急。试验压力必须符合设计要求或验收规范的规定，不得任意增加。

（3）管道脱脂、清洗用的溶剂和酸、碱溶液，是有毒、易燃、易爆和腐蚀性物品。使用时，应穿戴必要的防护用具，工作地点应通风良好，并有适当的防火措施。脱脂溶剂不得与浓酸、浓碱接触。二氯乙烷与精馏酒精不能同时使用。脱脂后的废液，应当妥善处理。

（4）管道吹扫的排气或排气管，应接至室外安全地点。用氧气、煤气、天然气吹扫时，可在排气口将天然气烧掉。

1.5　管道施工安全技术

"安全第一，预防为主"是劳动保护工作的基本方针。由于管工作业的特点是流动性大、作业面宽、施工现场较为复杂，因此安全生产特别重要。

1.5.1 一般安全技术知识

为了确保人身和设备安全，防止事故的发生，应注意以下几个方面（见表1.5.1）。

表 1.5.1　　　　　　　　　一般安全技术知识

安全技术知识分类	主　要　内　容
安全技术教育	（1）新工人上岗前，必须接受安全技术教育。 1）学习国家有关部门颁发的安全生产各项规定，学习安全技术规程。 2）通过学习并经考试合格后，方可进入现场进行作业。 （2）每天作业前，施工负责人应根据当天作业的特点，向操作者具体地交代安全注意事项。 1）集体操作的作业，操作前要明确分工到位。操作时，应统一指挥，步调一致，相互关照，密切配合。 2）对特殊作业或特殊作业现场，应事先制订出专门的安全技术措施，认真执行。 3）作业前禁止饮酒。 （3）作业时精力要集中，严禁嬉戏、打闹
安全防护	（1）进入施工现场时，必须穿戴好劳动防护用品。进入有高空作业的地方，要戴好安全帽；配电、气焊作业时，要戴好黑色护目镜；与火、热水、蒸汽接触时，还应戴上防护脚盖或穿上石棉防火衣。 （2）在进入含有有毒有害气体、液体或粉尘的作业现场，特别是作业人员进入诸如管道、容器、地沟及隧道等现场工作时，除应戴上口罩或防毒面具等防护用品外，还必须有良好的通风除尘设备。 （3）在地沟、地下井等阴暗、潮湿场所或有水的金属容器内作业时，除应有足够的安全照明外，每个作业点的作业人员不得少于2人
安全施工	（1）在进入施工现场前，要检查施工现场周围环境是否符合安全要求，道路是否畅通，机具设备是否安全可靠。 （2）作业中要随时注意运转中的机械设备状况，发现异常应立即停车，查明原因，排除故障后再继续施工。 （3）非电工人员严禁乱动现场内的电气开关和电气设备。 （4）现场内各种设备、材料及废弃物要堆放整齐，有条不紊，保证道路畅通。 （5）对施工中室内外出现的土坑、井口、洞口等，其周围要及时设置防护栏杆或警戒标识，夜间设红灯示警。 （6）现场内的易燃、易爆物品，应按安全技术规定存放在指定地点

1.5.2 高处作业安全技术

管道安装与维修中，经常要在高处作业。为了保证安全生产，作业人员必须熟知并认真贯彻以下安全技术措施：

（1）高处作业人员必须经体检合格，并熟悉高处作业安全知识。凡患有高血压、低血压、心脏病、贫血病等疾病，或神经衰弱、四肢有缺陷的人员，均不得参加高处作业。

（2）施工负责人员应采取相应的防高温、防冻、防滑、防风、防雨等有效的安全技术措施。

（3）6级以上大风及雷雨天，不得进行高处作业。

（4）检查所用的登高工具和安全用具，如安全帽、安全带、梯子、脚手架、安全网等是否牢固可靠。

（5）劳动防护用品要穿戴整齐，衣袖和裤脚要扎紧，戴好安全帽，系好安全带，不准穿硬底鞋或带钉子的鞋。

（6）高处作业使用的工具应放在工具袋里，工具袋佩带在身上。不便入袋的工具应放在稳妥的地方，使用时要防止掉落伤人。

（7）高空堆放的物品、材料或设备，不准超过承载负荷。

（8）多层交叉作业时，如上下空间同时有人作业，其中间必须有专用的防护棚或其他隔离设施。

（9）高处作业人员与普通电线应至少保持1m以上的距离；距离普通高压电线在2.5m以上；距离特高压电线在5m以上。

1.5.3 地槽和地沟作业安全技术

管道安装与维修中，作业人员经常在地槽和地沟里作业。为了保证安全生产，作业人员必须认真实施以下安全技术措施：

（1）在开挖管道沟槽或路堑时，要根据土质、地下水情况和开挖深度确定合理的坡度，必要时应采取加固措施。

（2）在开挖较深沟槽（松软土壤挖深在0.75m以上，中等紧密土壤挖深在1.25m以上，紧密土壤挖深在2m以上）时，沟槽壁应适当增加支柱和支撑。

（3）挖掘土方应自上而下施工，禁止采用挖空底脚的操作方法。在有地下水或在雨季施工时，要有排水措施。

（4）在深坑、深井或地沟中作业，应注意对有毒气体的检查工作，经对流通风换气，确认（取样化验分析）合格后，方可进入。

（5）在地沟中进行安装和维修作业，天然采光不足时，需设置有足够照度的电压为 12V 的安全照明设施。

（6）在地沟中同时作业的人员不得少于 2 人。

（7）拆除护壁支架时，应按照自上而下的顺序逐步拆除。更换支撑时，应先上新的，再拆除旧的。拆除支架或支撑时，必须有工程技术人员在场指导。

1.5.4　吊装作业安全技术

管道安装与维修中，吊运管件、阀门等设备时，为了防止物件脱落或掉下造成人身设备事故、保证安全生产，作业人员必须认真实施以下安全技术措施：

（1）参加吊装作业人员必须熟知各种指挥信号，并能准确地按信号行动。

（2）作业前要制订出切实可行的作业方案，确保安全操作。作业中要统一指挥，统一步调，统一行动，由一人指挥操作。作业人员思想上要重视，精神要集中。

（3）作业前必须戴好安全帽，严格检查起重机具是否完好、可靠，是否符合安全技术规定，不得超负荷使用。

（4）使用千斤顶时，基底要坚实，安放要平稳，顶盖与重物间要垫木块，顶升要缓慢，随顶随垫。多台同时顶升时，动作要协调一致。

（5）起重吊装工作区域严禁非工作人员入内，并应设置临时围障。吊起重物的下面绝对禁止有人停留或通过。

（6）不得在索具受力或吊物悬空的情况下中断作业，更不得在吊起重物就位固定前离开操作岗位。

（7）大风或大雨天不得在露天进行吊装作业。

1.5.5 防火防爆安全技术

管道安装与维修中，现场比较复杂，容易发生火灾和爆炸事故。为了确保人身和设备安全，防止事故的发生，应掌握以下几方面防火防爆安全技术（见表1.5.2）。

表1.5.2 防火防爆安全技术

火灾及爆炸原因	燃烧及爆炸条件	防火防爆安全措施
使用明火作业（煨管、明火烘烤、火炉取暖、熬油等）	（1）有可燃物质或助燃物质在明火作业附近（木材、棉纱、汽油、氧气或其他氧化剂）。 （2）火源达到可燃物质的燃点	消除火源： （1）加热易燃液体时，应尽量避免采用明火，而采用蒸汽、过热水、中间载热体或电热等。 （2）凡在禁火区或盛装过易燃易爆物质的设备、容器中动火时，必须先清洗或吹扫置换，进行空气分析，直到确认安全可靠后方能动火
电焊、气焊作业	焊接火花或熔渣引起附近易燃、可燃物着火	（1）在禁火区内，应竭力避免焊割作业，最好是将需要检修的设备或管段拆卸至安全处修理。 （2）电焊、气焊作业人员应由经防火安全考试合格者担任，无证者不得独自作业
电火花或静电放电	在作业中，因用电设备过载、短路，或管路设备接地不良等，均会造成静电放电，引起爆炸着火	（1）在易燃易爆区作业，禁止用铁器敲击或摩擦，防止产生火花而引燃引爆。 （2）经常检查所用电气设备是否有过载、短路、局部接触不良等现象，防止产生电弧或电火花
易燃易爆物质存放不合理	由于易燃易爆物质相互作用、摩擦或异物碰撞，迅速发生化学反应产生高温、高压而引起爆炸	（1）确保设备的密闭，对危险设备及系统，应尽量少用易产生泄漏的构件（接头等）连接，密封部位要保证严密。 （2）加强通风排气。 （3）对易燃易爆物质，应采用不燃材料或惰性气体进行隔离

第2章 管工常用工具及基本操作

2.1 钢锯

　　手钢锯（见图2.1.1）由锯弓和锯条组成。按锯条的安装方式，它可分为可调式和固定式两种。固定式锯弓只能安装一种长度的锯条，可调式锯弓可通过调整安装多种长度的锯条。安装时，锯齿的方向须朝前。

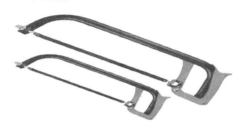

图 2.1.1　手钢锯

2.1.1　锯条的正确选用

　　根据锯齿齿距的大小，锯条分为细齿（1.1mm）、中齿（1.4mm）和粗齿（1.8mm）三种，可根据所锯材料的软硬、厚薄选用。钢锯最常用的锯条规格是12英寸（300mm）×24牙、12英寸（300mm）×18牙两种（其牙数为1英寸长度内有24个牙或18个牙）。锯割软材料（如紫铜、青铜、铅、铸铁、低碳钢和中碳钢等）或较厚的材料时，应选用粗齿锯条；锯割硬材料或较薄的材料（如工具钢、合金钢、管子、薄钢板、角铁等）时，应选用细齿锯条。一般来说，锯割薄材料时，在锯割截面上至少应有三个锯齿同时参加锯割。这样，就可防止锯齿被钩住或崩断。

手钢锯切断的优点是：设备简单，灵活方便，节能，切口少收缩和不氧化。缺点是：速度慢，劳动强度大，切口平较难达到。

2.1.2　安全注意事项

（1）钢锯切断时，为了防止锯条发热，要注意在锯条口中注油。

（2）钢管要垫平、卡牢。

2.2　钢卷尺

钢卷尺（见图2.2.1）是测量长度的工具之一，它由一条长而薄的钢带制成，钢带的一面标有公制单位的刻度线，其全长都卷入筒壳之内。按规格钢卷尺分为大钢卷尺和小钢卷尺。大钢卷尺，有10m、20m、30m、50m等规格，用于测量较长的直线或距离；小钢卷尺又称为钢盒尺，有2m、3m、5m三种规格，用于测量较短的直线或距离。测量时，将钢卷尺从盒中拉出，用钢卷尺的刻度线与直线尺寸直接比量读出得数。钢卷尺用后要擦干净，以免腐蚀。施工用钢卷尺要经过有相应资质的单位或部门检定后使用，计量检定周期为1年。

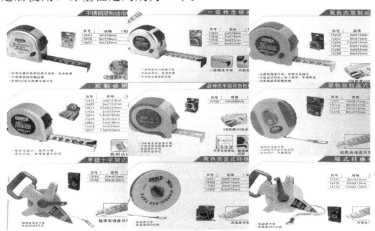

图2.2.1　钢卷尺

2.3 钢直尺和角尺

2.3.1 钢直尺

钢直尺又称为钢板尺(见图 2.3.1),是测量长度的另一种工具。一般用于测量工件上两点间的直线距离,规格有 150mm、300mm、500mm、1000mm,分度值为 0.5mm 或 1.0mm。有的钢板尺除一面刻有公制单位的刻度线外,另一面还刻有英制刻度线。用钢板尺测量工件时,要注意尺的零线与工件边缘相重合。读数时,视线必须与钢板尺的尺面垂直。钢板尺用后要擦干净。

图 2.3.1 钢板尺

2.3.2 角尺

角尺有木制和钢制两种,管道施工时广泛应用钢角尺。角尺可用来检验工件角度、画垂直线及安装法兰。角尺分为宽座角尺、扁直角尺、法兰角尺和活弯尺。

1. 宽座角尺

宽座角尺(见图 2.3.2)又称为宽座直角尺,用于检验直角、画线、安装定位以及检验法兰安装的垂直度、型钢的画线等。

图 2.3.2　宽座角尺

2. 扁直角尺

扁直角尺（见图 2.3.3）是管工经常使用的工具之一。扁直角尺由长臂和短臂构成，两臂互成 90°，并由相同厚度的薄钢板

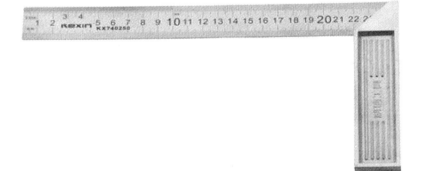

图 2.3.3　扁直角尺

制成，长臂侧的一面刻有公制单位的刻度线，广泛用于放样、画线、预制煨弯和检验直角等管线预制工作中。因此，在工作中需经常注意校正其角度是否准确。校正的方法很多，其一是用直角规法，即把弯尺放到事先画好的直角线上检查；其二是用翻转法，即用扁直角尺本身画直角线并翻转180°，检查直角是否准确，如有误差，须经修理合格后方可使用。

3. 法兰角尺

法兰角尺（见图2.3.4）又称为法兰弯尺，这种角尺小巧轻便，易于携带。在组对法兰和管子时，可在水平和垂直方向检查法兰密封面与管子中心线垂直情况，为便于使用，还可将法兰角尺的结构形式进行改制。

图 2.3.4　法兰角尺

法兰角尺多在现场自制，要求尺臂平直、角度准确，使用前应用角尺校正，较大的法兰角尺应放样校正。

4. 活弯尺

活弯尺（见图2.3.5）又称为角度尺或度尺，在预制和安装管线中用于画线和检验各种角度。活弯尺多在现场自制，要求尺臂平直、刻度精确，指针尖中心线应与中心轴成直线，中心轴的铆钉或螺栓应松紧合适，以便转动灵活。

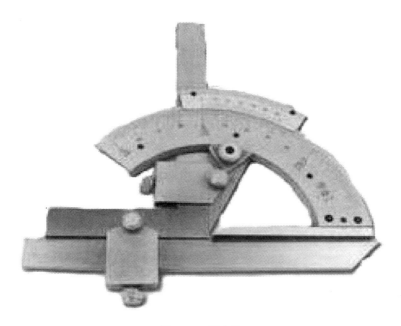

图 2.3.5　活弯尺

2.4　水平尺

水平尺又称为水平仪（见图 2.4.1），用于检验平面对水平或垂直位置的偏差，其种类和规格不一。按制造材料划分可分为

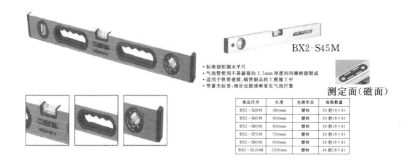

BX2-S45M

· 标准型铝制水平尺
· 气泡管使用不易破裂的 2.5mm 厚度的丙烯树脂制成
· 适用于铁骨建筑、钢铁制品的 T 程施工中
· 带着光标签,暗处也能清晰看见气泡位置

测定面（磁面）

商品代号	长度	包装形态	每箱数量
BX2－S38M	380mm	塑封	24 把（6×4）
BX2－S45M	450mm	塑封	24 把（6×4）
BX2－S60M	600mm	塑封	24 把（6×4）
BX2－S75M	750mm	塑封	24 把（6×4）
BX2－S90M	900mm	塑封	24 把（6×4）
BX2－S120M	1200mm	塑封	24 把（6×4）

图 2.4.1　水平尺

铁水平尺和铝合金水平尺。铝合金水平尺比较轻便，但价格高。按外形划分可分为长条式和方框式，方框式水平尺有四个互相垂直的都是工作面的平面，并有纵向、横向两个水准器，常用的平面长度为 200mm。管工常用的是长条式铁水平尺。

水平尺封闭的玻璃内装有乙醚或酒精，但不装满，留有气泡，水平尺位于水平位置时，气泡处于玻璃中央位置。若水平尺倾斜一个角度，气泡就向左或向右移动一段距离，并可在水准器上读出两端高低的差值。当水平尺上没有水准器时，借助于扁直角尺测量两端的高差。

放置水平尺的管道或设备必须平滑、干净，以免影响测量精度。使用水平尺时，应轻拿轻放，不得碰击或跌落，保护好玻璃管，不用时应罩盖，以免碰撞跌伤。

2.5 扳手

扳手属于固紧工具，在管道施工中主要用于拧紧或松开螺栓螺母，以及拧紧或松开各种管件。扳手可分为开口式和闭口式、单头和双头，只能扳一固定尺寸的呆扳手和可以调节开口大小、用于多种尺寸的活络扳手。手动扳手特点：操作简单、价格低、劳动强度大。

2.5.1 呆扳手

呆扳手（见图 2.5.1）又称为死扳手，常用 45 号钢、40Cr 和 40CrMoV 等材料制成，分单头和双头两种。单头呆扳手是一端开口，只能扳一种尺寸的紧固件或管件，开口宽度即为呆扳手的规格尺寸，常用的有 8mm、10mm、12mm、75mm 等 18 种。双头呆扳手是两端开口而宽度不一，每把扳手可以扳两种尺寸的紧固件或管件。梅花扳手也是呆扳手的一种，有单头和双头之分，其优点是转动 30° 即可调换方向，故当螺栓头和螺母的周围空间狭小，不能容纳普通扳手时，可采用梅花扳手。此外，梅花扳手受力接触面多，扳手强度高，安全可靠，但它只能扳较小规格（≤36mm）的螺栓或螺母。

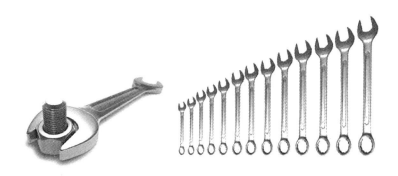

图 2.5.1　呆扳手

2.5.2　活扳手

　　活扳手（见图 2.5.2）又称为活络扳手，是开口式并可调节开口宽度的扳手，开口宽度用调整螺母来调节，能扳一定范围内尺寸的螺栓或螺母。活扳手轻巧、方便、使用广泛，但效率不高，不够精确，活动钳口容易歪斜。活扳手的规格见表 2.5.1。

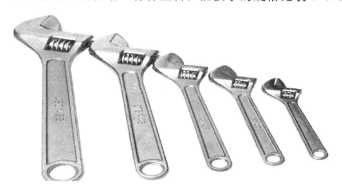

图 2.5.2　活扳手

表 2.5.1　　　　　　　　活 扳 手 规 格

长度	mm	100	150	200	250	300	375	450	600
	in	4	6	8	10	12	15	16	24
开口最大宽度/mm		14	19	24	30	36	46	55	65

16

活扳手的固定螺丝，应经常检查是否松动，防止遗失，发现松动要及时用螺丝刀紧固，使用活扳手时，应将固定的扳口放在外部位置，不得反用。活扳手的尺寸应符合螺母尺寸，不得以大代小，以免损坏螺栓。

2.5.3 扳手的选用及使用

（1）根据被紧固件的特点选用相应的扳手。

（2）旋紧：用手握住扳手柄末端，顺时针方向用力旋紧；旋松：逆时针方向旋转。

2.6 管割刀

管割刀又称为割管器，用以切割公称直径为 100 mm 以内的各种金属管。常用的是三轮式割管器，其结构如图 2.6.1 所示。割管器有一个切割轮（滚刀）和两个滚轮，切割轮由具有锋口的工具钢制成。施工现场用 2 号和 3 号割管器（见表 2.6.1），适用于套丝和小直径的管子的切断。

表 2.6.1 割 管 器 的 规 格

型号	1 号	2 号	3 号	4 号
被切管子公称直径/mm	≤25	15～50	25～75	50～100

图 2.6.1 管割刀

切割管子时，管子在台虎钳内要紧固好，将管子放在切割轮与滚轮之间（见图 2.6.2），刀刃对准管子切割线，使滚轮夹紧管子，握持手把绕管子旋转，徐徐切入管壁直至切断为止（见图

2.6.3)。这种方法比锯割速度要快，切割断面平直，容易掌握，但切割断面会由于滚轮挤压而缩小，有时需要处理。

图 2.6.2　管子放在切割轮与滚轮之间

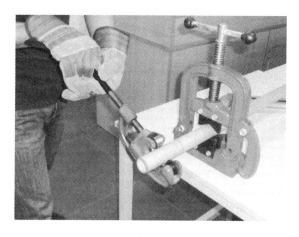

图 2.6.3　管割刀切割管子

2.7　砂轮切割机

砂轮切割机（见图 2.7.1），又称为砂轮锯。砂轮切割机常用于金属管、塑料管的切割。卧式砂轮切割机一般装有直径为400mm、厚为3mm的砂轮片。

图 2.7.1　砂轮切割机

砂轮切割机的砂轮片直径一般有 355mm 、400mm、500mm 等几种规格。无齿锯切断管子具有速度快、效率高的特点。

砂轮切割机制原理是利用高速旋转的砂轮片与管壁接触摩擦切削，将管壁磨透而切断。

使用砂轮切割机注意事项

（1）工作前必须穿戴好劳动保护用品，检查设备是否有合格的接地线。

（2）要检查确认砂轮切割机是否完好，砂轮片是否有裂纹缺陷，禁止使用带病设备和不合格的砂轮片。

（3）切料时不可用力过猛或突然撞击，遇有异常情况要立即关闭电源。

（4）被切割的料要用台钳夹紧，不得一人扶料一人切料，并且在切料时人必须站在砂轮片的侧面。

（5）更换砂轮片时，要待设备停稳后进行，并要对砂轮片进行检查确认。

（6）操作中，机架上不得存放工具和其他物品。

（7）砂轮切割机应放在平稳的地面上，应远离易燃物品，电源线应接漏电保护装置。

（8）砂轮片应按要求安装，试启动运转平稳，方可开始工作。

（9）卡紧装置应安全可靠，以防工件松动出现意外。

（10）切割时，操作人员应均匀切割并避开切割片正面，防止因操作不当切割片打碎发生事故。

（11）工作完毕应擦拭砂轮切割机表面灰尘和清理工作场所，露天存放应有防雨措施。

2.8 管钳

管钳（见图2.8.1）也叫做管子钳，有很多种，如外卡管子钳、杆式管子钳和链式管子钳等，用于转动金属管或其他圆柱形工件，是连接或拆卸管子丝扣的工具。

图2.8.1 管钳

2.8.1 管钳的使用

管道施工中常用的是管子钳（又称为管钳），结构如图2.8.1所示。使用时，应根据管径大小转动螺母至适当位置，即可用钳口上的轮齿咬牢管子，并可驱使管子转动。管钳的规格（见表2.8.1）以长度划分，适用于相应管子外径。

表 2.8.1　　　　　管 钳 的 规 格

管钳规格长度/mm	150	200	250	300	350	450	600	900	1200
夹持管子最大外径/mm	20	25	30	40	50	60	70	80	100

2.8.2 使用管钳注意事项

(1) 只能用来扳钢管，不能代替扳手扳螺母。

(2) 不能用它代替手锤进行敲击。

(3) 根据管径选择合适的管钳。

(4) 管钳应保持清洁，用后擦净放入工具箱。

(5) 若管钳较大较重、钳柄较长时，应由二人配合使用，一个人手扶钳头和钳柄，以起到扶持和保证钳口牙板紧贴管壁的作用，另一个人两腿分开略宽于肩，双手紧握钳柄尾部，以起到操纵钳柄运动方向的作用。

(6) 为保证旋转力矩的作用点在固定牙板上，且钳口紧紧咬住并转动管件，钳柄用力旋转的方向应指向钳口的开口方向。

(7) 规格在 600mm 以下的管钳，严禁使用加力管。600mm以上的管钳若需用加力管上、卸扣，其管长只能为钳柄长度的0.5 倍。

(8) 严禁将钳柄用作撬杠，以防弯曲。管钳任何部位不得有裂纹、焊缝，若有损伤不得使用，以防发生事故。

(9) 下压钳柄时，应防止压伤手指或碰伤腿部。

(10) 若钳口张开不能咬住管件时，应检查钳口张开度是否符合要求。若钳口张开至最大口径仍不能咬住管件时，应换较大尺寸的管钳；若开口符合要求而不能咬住管件并出现打滑现象，则可能是牙板严重磨损或油泥填满牙口，应更换牙板或清洗油泥后再操作。

(11) 若管钳符合使用要求，但不能进行上、卸扣工作，可能是螺纹生锈或错扣引起。此时不能强行旋动手柄，而是应用钢丝刷除去螺纹上的锈斑，再用砂纸打磨，并涂以油脂润滑螺纹；若因错扣，则应重新对扣装好再使用，防止咬扁管件或损坏螺纹。

(12) 若上、卸扣时出现两连接件同时转动的现象，则应设法将其中之一固定牢靠，防止无法上紧扣或不能卸扣的现象发生。

2.9 管子台虎钳

管子台虎钳（见图 2.9.1）又称为管压钳，其主要用途是固定工件，以便对工件进行加工。例如，要锯断钢管或管端套丝，必须先把钢管夹牢，以便操作。最为常用的是龙门式台虎钳，操作时，用把手回转丝杠，将上牙板压向下牙板，以便将管子卡紧固定（见图 2.9.2）。

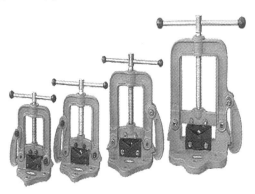

图 2.9.1　管压钳

图 2.9.2　管压钳固管

2.9.1 管子台虎钳的使用

管压钳应用螺栓牢固地安装在木制或钢制的工作台上，使用前应检查下钳口是否装置牢固，上钳口是否能自由滑动，装夹工件时，尺寸要适当。小管径工件如用大号管压钳，很容易将工件压扁。装夹软工件时，应先用布或铁皮等包裹工件，以免损坏。龙门式管压钳规格及适用范围见表2.9.1。

表 2.9.1　　　　　　龙门式管压钳规格及适用范围

管压钳号数	管压钳规格/in	适用公称管径范围/mm
1	2	15～50
2	3	25～75
3	4	50～100
4	5	75～125
5	6	100～150

2.9.2 使用管子台虎钳注意事项

（1）夹紧工件时要松紧适度，只能用手扳紧手柄，不得借助其他工具加力。

（2）强力作业时，应尽量使力朝向固定钳身。

（3）不得在活动钳身和光滑平面上敲击作业。

（4）对丝杠、螺母等活动表面应经常清洗、润滑，以防生锈。

2.10 电动套丝机

电动套丝机（见图2.10.1）是设有正反转装置，用于加工管子外螺纹的电动工具，又称为电动切管套丝机、绞丝机、管螺纹套丝机。它适用于各类建筑工程，自来水管、煤气管以及电气设备等安装工程作业中对钢管绞削管螺纹及钢管切断、倒角等，具有三道工序一次连续完成的功能。电动套丝机结构合理，操作简易，维护方便，外形美观，使用安全可靠。

电动套丝机大致由 8 个部分组成，即机体、电动机、减速箱、管子卡盘、板牙头、割刀架、进刀装置、冷却系统。

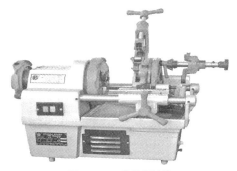

图 2.10.1　电动套丝机

电动套丝机按规格型号划分有以下几种：

2 寸套丝机（50 型），加工范围为：$\frac{1}{2} \sim 2$（in），另配板牙可扩大加工范围至 $\frac{1}{4} \sim 2$（in）；

3 寸套丝机（80 型），加工范围 $\frac{1}{2} \sim 3$（in）；

4 寸套丝机（100 型），加工范围 $\frac{1}{2} \sim 4$（in）；

6 寸套丝机（150 型），加工范围 $2\frac{1}{2} \sim 6$（in）。

2.11　液压弯管机

液压弯管机是一种用于管道安装的轻便型现场施工液压机具，具有小巧轻便、移动方便、可解体等特点，最适宜冷弯各类无缝钢管。该机器除了具备弯管功能外，解体后其油缸还能作为液压千斤顶使用，主要用于电力施工、锅炉、桥梁、公铁路建设、船舶、家具、装潢等方面的管道铺设及修造。

2.11.1　弯管机的操作要求

1. 管子的冷弯

液压弯管机分为手动和电动两类（见图 2.11.1）。

在常温下，用电动弯管机（见图 2.11.1）对管子进行冷弯。冷弯时，弯曲半径通常取 4～6d。

图 2.11.1　电动液压弯管机

2. 90°弯管的计算

90°弯管的弯曲的弧长计算公式如下：

$$L_{ab}=2\pi D/4=1.57R$$

式中　L_{ab}——以 R 为半径的 90°弧长；

　　　R——弯管的弯曲半径。

3. 电动液压弯管机的使用方法

（1）将开关顺时针方向拧紧。

（2）拧松加油口上螺栓。

（3）弯管模、支承轮和被弯管子接触部位涂润滑脂。

（4）有缝管弯曲时，应将缝处于弯曲的侧边，作为中间层，这样就可使焊缝在弯曲变形时，既不延长也不缩短，焊缝就不易裂开。此外，管弯曲到一定角度，管就要移动一处。

（5）翻开上模板，视弯管大小选择相应的弯管模，将弯管模装在作用杆的顶部。然后将两支承轮插入下模板两相应孔内，放置被弯管子，转动两支承轮，使相应的尺寸槽子朝向弯管模。

（6）翻转模板，先用大柱塞泵摇动手柄使弯管模压到被弯管子，然后用小柱塞压到所需角度。

（7）弯好后，将开关逆时针拧松，作用杆将自动复位，翻开上模板，将管子取出。

（8）弯管机停止后将放气阀旋紧。

2.11.2 电动液压弯管机的检验试验及保养

（1）电动液压弯管机电气部分应定期进行检验试验，合格者应在其外壳标贴检验试验合格证，使用前应检查合格证是否在有效期限内。

（2）电动液压弯管机的金属外壳应可靠接地。并接有漏电保护器。

（3）电动液压弯管机应设专人保管与保养，经常检查液压系统渗漏油情况，发现有漏油时应及时处理或更换密封垫。

（4）电动液压弯管机应保存在清洁干燥的场所，液压管路的对接口应保持清洁，防止沾染其他油脂和杂物。

（5）检查电动液压弯管机受力夹板有无裂纹及变形，活动夹板销子是完好无变形。

2.11.3 使用电动液压弯管机注意事项

（1）必须按加工管径选用模具，并按序号放置到位。

（2）应先空载运转，进行加压和卸压，观察液压顶杆是否伸缩自如、无卡滞现象。确认正常后，再套模进行操作。

（3）不得在被弯管与模具之间加油。

（4）夹紧机件，导板支承机构应按被弯管的方向及时进行换向。

（5）在操作加压过程中，严禁人员停留在顶模前方。

2.12 铰板

铰板也叫套丝板（见图2.12.1），是手工套丝工具。铰板主要由以下几个部分组成。

图 2.12.1　套丝板

（1）板牙：套丝板有三副板牙，每副板牙能套两种规格管子的螺纹（见表 2.12.1）。

表 2.12.1　　　　　　　　　　铰板规格

铰板型号	板牙副数	使用范围		
		第一组	第二组	第三组
GJB-60 GJB 60W	3	DN15～DN20	DN25～DN32	DN40～DN50
GJB-144W	2	DN65～DN80	DN80～DN100	

（2）本体：本体平面的外缘刻有三个 O 和 A 字母标记，分别可以与前挡板上的字样相对应，当本体与前挡板 A 标记转到一条线上时，就是换牙位置，此时前挡板上所刻的1、2、3、4序号正对本体上的牙槽，可将牙体从本体上退出或装入（见图 2.12.2）。

（3）紧固螺丝：前挡板转到需要的位置时，转动带柄螺母可以将前挡板固定于本体上，使两者不在发生相对转动，以保证套扣工作顺利进行。

（4）松扣柄：①使螺纹有锥度；②能得到较好的退刀螺纹；③可以使套丝板顺利地从管头上拨出。

**图 2. 12. 2　套丝板板牙上所刻的 1、2、3、4 序号
正对本体上的牙槽**

（5）后挡板和顶杆：适当调整后，借助三个顶杆，就可以将套丝板固定于管子上，以自由转动为宜。

（6）导向轮：其构造有弹簧、销子和调挡轮并有 3 个挡位，通过转动调挡轮可使扳把带动本体按顺、逆时针方向转动，使扳把与本体成为一体。

（7）管螺纹的规格应符合管道安装规范要求（见表 2.12.2、表 2.12.3）。钢管与螺纹阀门连接时，钢管上的外螺纹长度应比阀门上的内螺纹长度短 1～2 扣丝，以避免因钢管拧过头顶坏阀门心。

表 2. 12. 2　　　　　　　圆锥形管螺纹尺寸

序号	管道公称直径		最小工作长度 /mm	由管端到基面 /mm
	mm	in		
1	15	$\frac{1}{2}$	14	7.5
2	20	$\frac{3}{4}$	16	9.5
3	25	1	18	11
4	32	$1\frac{1}{2}$	22	13
5	40	$1\frac{3}{4}$	23	14
6	50	2	26	16

序号	管道公称直径		最小工作长度 /mm	由管端到基面 /mm
	mm	in		
7	65	$2\frac{1}{2}$	30	18.5
8	80	3	32	20.5
9	100	4	38	28.5

表 2.12.3　　　连接阀门的圆锥形管螺纹尺寸

序号	管道公称直径		最小工作长度 /mm	由管端到基面 /mm
	mm	in		
1	15	$\frac{1}{2}$	12	4.5
2	20	$\frac{3}{4}$	13.5	6
3	25	1	15	7
4	32	$1\frac{1}{2}$	17	8
5	40	$1\frac{3}{4}$	19	10
6	50	2	21	11
7	65	$2\frac{1}{2}$	23.5	12
8	80	3	26	14.5
9	100	4	28	17

2.13　千斤顶

在管道工程中，千斤顶用于顶高和顶偏。常用的千斤顶有螺旋式和液压式。

2.13.1　螺旋式千斤顶

螺旋式千斤顶（见图 2.13.1）是利用螺纹传动，用扳把回转丝杠顶起重物。螺旋式千斤顶有固定式和移动式，前者在顶升重物后，未卸载以前不能做平面移动，后者在顶重过程中可做水平移动。管道施工时常用固定式千斤顶，工作时可置于任一位置上进行工作，起重量为 5～50t，起升高度为 130～140mm。

图 2.13.1　螺旋式千斤顶

使用螺旋式千斤顶注意事项：

（1）使用前：应估计被起重物重量，选择适当规格的千斤顶，切忌超载使用。使用前，必须检查千斤顶是否正常良好，并加注润滑油。检查重物着力处是否牢固，地面软硬松实程度是否需用衬垫，以防止起重时因千斤顶打滑、下陷而发生危险。

（2）使用时，千斤顶必须放置平整，将撑牙推至上升位置，按壳体所示箭头方向，先用手直接转动棘轮组，使千斤顶的升降套筒上升，直至顶盘与重物接触为止，然后插入手柄并扳动。

（3）起升时，应注意升降套筒上升高度，当出现红色警告线时，停止起升，否则可能引起危险。

（4）如需下降，先拔出手柄，将撑牙推向反方向并推至"下降"位置，再插入手柄并扳动，千斤顶的升降套筒即渐渐下降。

（5）经常保持齿轮组清洁，防止沾积灰尘；经常加注润滑油，使其动作灵活可靠。升降套筒与主架之间的接触面必须随时揩抹上油，推力轴承应保持润滑。一般情况下每年应拆开底座，加涂润滑油脂一次。如果发现螺纹丝扣磨损超过 20%，该千斤顶不得使用。

2.13.2　液压式千斤顶

液压式千斤顶（见图 2.13.2）是根据水压机的工作原理设计的。工作时，利用千斤顶手柄驱动液压泵，将工作液体压入液压缸里，推动活塞上升，顶起重物。工地常用 YQ 型液压式千斤顶，是一种手动液压式千斤顶，可顶起的质量为 5～300t，起重高度为 160～200mm。

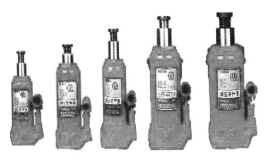

图 2.13.2　手动液压式千斤顶

液压千斤顶使用注意事项：

（1）按照制造厂的铭牌选用，不得超载，使用前必须检查各部位是否正常。

（2）安放位置要考虑手柄的长度、扳动角度及方向有无障碍。

（3）使用前将回水阀杆按顺时针方向拧紧，然后将手柄插入扳手内，上下扳动，活塞即上升。当活塞升至最高位置时，由于限位孔作用而不再上升。降落时将回水阀杆按逆时针方向微微旋松，顶头上稍加压力，活塞即渐渐下降。操作时应严格遵守技术规范，切忌超载，以免发生危险。

（4）冬季使用液压式千斤顶，应采用凝固点低于周围环境温度的工作液。

2.14　试压泵

手动试压泵（见图 2.14.1）是测定受压容器及受压设备的主要测试仪器，最高工作压力可达 800MPa，能够正确示出 0～800MPa 以内任何阶段的正确压力来做水压试验。手动试压泵广泛应用于锅炉、化工、轻工、建筑安装、航天、科学系统工程，专门供各种受压容器和受压设备、管道阀门、橡胶管件及其他受压装置进行试压之用。手动试压泵是由泵体、柱塞、密封圈、控制阀、压力表、水箱等组成。

图 2.14.1　手动试压泵及电动试压泵

2.14.1　试压泵作业条件

（1）给水管道系统全部安装完毕，支架、管码已固定。

（2）用水设备支管末端已安装阀门，如需集中排气的系统，应在顶部临时安装设有排水阀的排气管。

（3）各环路中间阀门，全部开启，并注意检查。

（4）试压环境温度应在 5℃以上。

（5）水压加压装置及仪表动作灵活，工作可靠。测试要求与精度符合规定。选用压力时，使其测试压力范围应为试验压力的 1.5～2.0 倍。

2.14.2　安全注意事项

（1）在试验压力下，不得紧固螺栓或拧螺母。

（2）试压时，温度必须在 5℃以上，若低于该温度要采取升温措施。

（3）试压后，将积水放空。

（4）管道试验中，不可在试验压力下超过规定时间检查管道，防管道本身受内伤。

2.14.3 操作指导

1. 弹簧压力表

弹簧压力表的表面直径 150mm，表盘刻度上限值宜为试验压力的 1.3～1.5 倍，表的精度不低于 1.5 级，使用前应校正，数量不少于两块。

2. 试压泵

试压泵的扬程和流量应满足试压段压力各渗水量的需要。一般小口径管道用手压泵，大、中口径管道多用电动柱塞式组合泵，还可选用多级离心泵。

3. 气阀

排气阀宜采用自动排气阀。排气阀应启闭灵活，严密性好。排气阀应装设在管道纵向起伏的各个最高点，长距离的水平管道上也需考虑设置；在试压管段中，如有不能自由排气的高点，应设置排气孔。

4. 管道注水

在水压试验前和各项工作完成后，即应向试验管注水。

（1）把管内空气排清。

（2）管内注满水后，水压宜保持在 0.2～0.3MPa，充分浸泡。

（3）对所有支墩、接口、试压设备和管路进行检查。

5. 管道泡管

管道注水后，应进行一定时间的泡管，使管内壁和管道接口充分吸水，以保证水压试验的精确。

（1）普通铸铁管、钢管，浸泡时间不少于 24h；有水泥砂浆衬的，不少于 48h。

（2）给水硬聚氯乙烯管，浸泡时间不少于 48h。

（3）钢筋混凝土管，当管径 DN 小于 1000mm 时，浸泡时间不少于 48h；管径大于 1000mm 时，不少于 72h。

6. 水压试验方法

给水管道的水压试验方法有落压试验和水压严密两种。开始水压试验时，应逐步加压，每次加压以 0.2MPa 为宜，每次加压后，检查没有问题时再继续加压；加压接近试验压力时，稳压一段时间检查。彻底排除气体，然后加至试验压力。

（1）落压试验：落压试验又称为压力表试验。常用于 $DN<$ 400mm 的小管径水压强度试验。对于 $DN<400mm$ 管道，在试验压力下，以 10min（塑料管为 1h）降压不大于 0.05MPa 为合格。

（2）水压试验：水压严密性试验又称为渗漏水量试验。试验根据"同一管段内，压力相同、降压相同则其漏水总量也相同"的原理，来检查管道的漏水情况。

7．泄水

给水管道系统试压合格后，应及时将存水放空，以防止积水在冬季冻结而破坏管道。

8．填写管道系统试压记录

试压记录是管道工程的重要技术资料，应存入工程档案，随工程的完工、转交给建设单位留存。因此，应如实填写，严禁编造或弄虚作假。

2.15　滚槽机

滚槽机（见图 2.15.1）是在使用沟槽接头作为管道连接件

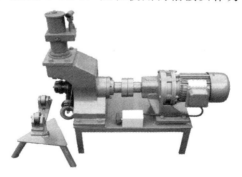

图 2.15.1　滚槽机

时，对管子进行预处理的专用工具。其工作原理是利用转动的凹压轮带动管子转动，而凸压轮在油缸作用下缓缓向管子加压，从而形成所需的凹槽，以备安装时使用。可用于消防、自来水、矿井等管道的安装。

2.15.1 滚槽机的使用

1. 新机器检查

(1) 检查电源：新机器用的是 380V 电源。

(2) 开动机器：看运转是否正常。

(3) 清除油泵内的空气：打开注油孔扳动手柄，把泵内的空气扳动出来，以避免压槽时压轮反弹或压力不足。

2. 选择滚花轮和压轮

(1) 根据所要压的管子选择合适的滚花轮和压轮，否则压出的管子效果不好。

(2) 厚度 3～4.5mm 的管子选择 3 号滚花轮，厚度 5～6mm 的管子选择 4 号滚花轮。

(3) 小型 YCC 滚槽机最好压外径为 57～139.7mm 的管子；大型的 YCC 滚槽机用来压外径为 159mm 以上的管子。

3. 调整密封宽度

(1) 管口的密封宽度对于 6 英寸以下的管子，一般在 16mm 左右，最小不能小于 15.8mm，最大不能大于 16.5mm，8 英寸以上的管子不在此范围内。

(2) 测量密封宽度是否合适：用游标卡尺测量下压轮和滚花轮挡板之间的距离。

(3) 调整：松开滑块紧固螺栓，根据需要旋转调整螺栓，调小密封宽度是向里旋，调大密封宽度是向外旋。注意：压轮必须对正滚花轮槽的中间位置。

4. 调整料架

(1) 目测检查：将料架置于滚槽机的主轴线上，再把管子套入主轴上并置于料架上，使管子的轴线在横向、水平向都基本平行于滚槽机的轴线（见图 2.15.2）。

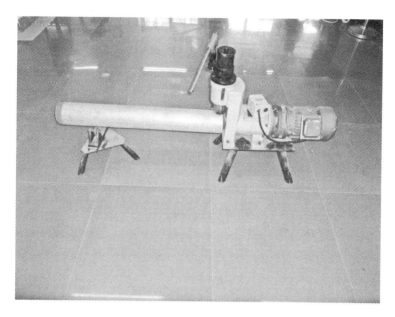

图 2.15.2 钢管固定在滚槽机上

（2）机器检查：关闭油缸卸压阀，压动手柄至压轮刚贴到管壁时停止下压并启动机器，观察钢子是否能在滚花轮上正常运转。如果发现管口的一边被挤到挡板另一边而离开挡板，说明料架调高了或者调偏了，应再稍微纠正；如果发现管子脱落，则应反向开动机器以不脱落为好，如果反向开动机器还脱落，说明料架调低了，再向上调一点。以上调节需在管口整齐的情况下进行。

5. 调整槽深

（1）计算槽深：对于规则管子而言，其槽深=（钢管外径－管卡内径）/2；对不规则钢管而言，其槽深=$\left(\dfrac{\text{钢管的最大外径}+\text{最小外径}}{2}-\text{管卡内径}\right)/2$，就得出槽深。

（2）调整：记住下压轮贴近管壁时的直立标尺上的刻度，此为压槽时的刻度起点，需要压多深的槽就下压多少刻度，然后稍微松开油缸卸压阀使下压轮离开管子，再关闭卸压阀取下管子，即下压油泵手柄使压轮下降，从刻度起点算起，下压到等于槽深的刻度停止，然后紧定限位器，这时算已基本调整完毕，等到压完第一根管子测量后，再做精细调整。

6. 压管子

扳动油泵（见图2.15.3）手柄，与管子接触再稍微下压一点，以便压出最初的痕迹，以后管子每转两周，扳动手柄一次，且只能缓慢地下压，否则管口很容易扩口或将管子压破，当滑座压到楔铁时即达到所需滚压深度，让压轮在原位置上滚压2～3圈，以防止反弹。停止机器并测量槽深和槽底直径，如果不合适，再稍微调节一下限位器即可（向里旋变深，向外旋变浅）。以后每五六根管子测一次，以防止限位器活动或下压轮滑块活动造成的槽的变化。

图2.15.3 钢管固定在滚槽机上压槽

2.15.2 滚槽机故障排除

（1）如果压管后，密封面呈喇叭状外翻或开裂，则可能有以下三个方面的原因：

1）工作间隙过大，可设法调整，如安装调整垫圈等。

2）下滚轮装错，可按规定更换下滚轮。

3）管子硬度过高。

（2）滚轮下压没有到位，而压杆时出现回弹现象，造成这种情况可能有以下三个方面的原因：

1）油泵油量不足，可以加注清洁的 32 号机油、液压油。

2）油路中进入气体，可松开油路上端，压油排出气体。

3）单向阀密封不严，可能是油太脏或进入杂物所致，此时需要清洁油路，方法如下：

a. 一般故障可将油泵下端方铁左下方的 18mm（单向阀顶丝）螺丝松开，拧紧回油螺栓压下油泵，循环 2～3 次，待赃物压下后，拧紧六角螺丝，油泵将正常工作。

b. 如果上述方法未达到正常的工作要求，可卸下油泵，用汽油清洗干净，卸下方铁，打开单向阀顶丝（内有弹簧、钢球，应小心保管），装上油箱，在油箱内注入汽油，拧紧放油螺栓，用压杆循环压油。将汽油从单向阀安装孔内压出，再按原样装上即可。

2.15.3　使用滚槽机注意事项

（1）随时检查电机、减速机运转是否正常，检查减速机箱体油位，必要时加油。

（2）每 12h 将上滚轮、大轴等黄油嘴处加注黄油一次。

（3）随时检查联轴器间隙，如过大可调整联轴器，并将固定螺栓拧紧，否则易造成破裂或损坏。

2.16　手拉葫芦

手拉葫芦（见图 2.16.1）又称为神仙葫芦、斤不落，是一种使用简单、携带方便的手动起重机械，也称为"倒链"。它适用于小型设备和货物的短距离吊运，起重量一般不超过 100t。

手拉葫芦向上提升重物时，顺时针拽动手动链条、手链轮转动，将摩擦片棘轮、制动器座压成一体共同旋转，齿长轴便转动片齿轮、齿短轴和花键孔齿轮。这样，装置在花键孔齿轮上的起重链轮就带动起重链条，从而平稳地提升重物。下降时

图 2.16.1　手拉葫芦

逆时针拽动手拉链条，制动座与刹车片分离，棘轮在棘爪的作用下静止，五齿长轴带动起重链轮反方向运行，从而平稳下降重物。手拉葫芦一般采用棘轮摩擦片式单向制动器，在载荷下能自行制动，棘爪在弹簧的作用下与棘轮啮合，使制动器安全工作。

手拉葫芦具有安全可靠、维护简便、机械效率高、手链拉力小、自重较轻、便于携带、外形美观、尺寸较小、经久耐用的特点，适用于工厂、矿山、建筑工地、码头、船坞、仓库等安装机器、起吊货物，尤其对于露天和无电源作业，更显示出了其优越性。

2.16.1　使用手拉葫芦规则

（1）严禁斜拉超载使用。

（2）严禁用人力以外的其他动力操作。

（3）在使用前，须确认机件完好无损，传动部分及起重链条应润滑良好，空转情况应正常。

（4）起吊前，检查上下吊钩是否挂牢，起重链条应垂直悬挂，不得有错扭的链环，双行链的下吊钩架不得翻转。

（5）操作者应站在与手链轮同一平面内搊动手链条，使手链轮沿顺时针方向旋转，即可使重物平缓上升；反向搊动手链条，重物即可平缓下降。

（6）在起吊重物时，严禁人员在重物下做任何工作或行走动作，以免发生重大事故。

（7）在起吊过程中，无论重物上升或下降，搊动手链条时，用力应均匀和缓，不要用力过猛，以免手链条跳动或卡环。

（8）操作者如发现手拉力大于正常拉力时，应立即停止使用，防止由于破坏内部结构而发生坠物事故。

（9）待重物安全稳固着陆后，再取下手拉葫芦下钩。

（10）使用完毕后，应轻拿轻放，并将其置于干燥、通风处，涂抹润滑油放好。

2.16.2 使用手拉葫芦注意事项

（1）使用完毕应将葫芦清理干净并涂上防锈油脂，存放在干燥地方，防止手拉葫芦受潮生锈和腐蚀。

（2）维护和检修应由较熟悉葫芦机构者负责，用煤油清洗葫芦机件，在齿轮和轴承部分，加黄油润滑，防止不懂本机性能原理者随意拆装。

（3）葫芦经过清洗维修，应进行空载试验，确认工作正常，制动可靠时，才能交付使用。

（4）制动器的摩擦表面必须保持干净。制动器部分应经常检查，防止由于制动失灵而发生重物自坠现象。

（5）手拉葫芦的起重链轮左右轴承的滚柱，可用黄油黏附在已压装于起重链轮轴颈的轴承内圈上，再装入墙板的轴承外圈内。

（6）手拉葫芦在安装制动装置部分时，应注意棘轮齿槽与棘爪爪部的啮合要良好，弹簧对棘爪的控制应灵活可靠。装上手链轮后，顺时针旋转手链轮，即可将棘轮、摩擦片压紧在制动器座上，逆时针旋转手链轮，棘轮与摩擦片间应留有空隙。

（7）为了维护和拆卸方便，手链条其中一节系开口链（不允许焊死）。

（8）在加油和使用手拉葫芦过程中，制动装置的摩擦面必须保持干净，并需经常检查其制动性情况，防止制动失灵引起重物自坠。

第3章 管工的基本操作

3.1 钢管切断的几种方法

3.1.1 切断方法

钢管切断的方法较多，可视具体条件分别选用手工或机械切断。

1. 钢锯切断

钢锯切断是一种常用方法。钢管、铜管、塑料管都可采用，尤其适合于 DN50 以下钢管、铜管的切断。其操作步骤如下：

(1) 在钢锯架上安装好钢锯条，其锯齿一定朝前（见图3.1.1）。

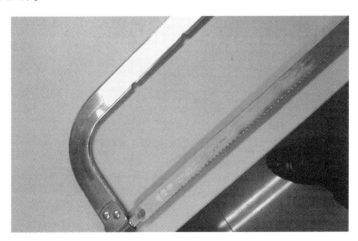

图 3.1.1　锯齿朝前

(2) 用台虎钳固定住需锯的钢管，在钢管锯处用粉笔或白板笔做上标记，让标记处伸出台虎钳 150mm 左右（见图 3.1.2）。

图 3.1.2 钢管固定在台虎钳上

（3）左手握锯弓头右手握锯弓把，锯的时候两手配合，以保证锯条不侧斜，并前后交替使力锯下实心材料（见图 3.1.3）。

图 3.1.3 钢锯锯钢管

对薄壁类需要用小力，尽量避免材料卡入锯齿造成材料变形或崩断锯齿。

2. 管割刀切断

管割刀是用带刃口的圆盘形刀片，在压力作用下边进刀边沿管壁旋转，将管子切断。采用管割刀切管时，必须使滚刀垂直于管子，否则易损坏刀刃。管割刀适用于管径 15～100mm 的焊接钢管。该方法具有切管速度快、切口平正的优点，但会产生缩口，必须用铰刀刮平缩口部分。其操作步骤如下：

（1）在台虎钳固定需锯的钢管，在钢管锯断处用粉笔或白板笔做上标记，让标记处伸出台虎钳150mm 左右。

（2）松开管子割刀，让割刀对齐钢管锯断处，拧紧管子割刀向顺时针方向旋转，每转 1～2 圈再拧紧管子割刀，再顺时针方向旋转，如此往复直至把管子割断（如图 3.1.4）

图 3.1.4　管子割刀锯钢管

3. 砂轮切割机切断

钢管切割虽然也有使用割管器切割的，但在配管工程量大的现场必须使用砂轮切割机。砂轮切割机原理是利用高速旋转的砂轮片与管壁接触摩擦切削，将管壁磨透而切断。使用砂轮切割机时，要使砂轮片与钢管保持垂直。对所锯材料要夹紧，再将手把下压进刀，但用力不能过大，以免砂轮片破碎，飞出伤人。其操作步骤如下：

（1）切割管子时先在管子上划好线，再将管子置于砂轮的夹持器中（见图 3.1.5），找正垫稳后将管子夹紧。

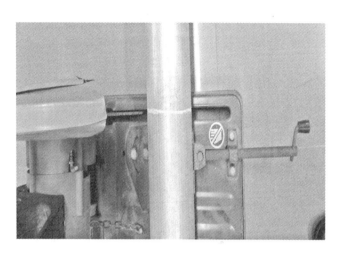

图 3.1.5　砂轮切割机固定钢管

（2）右手握手柄，左手启动电源，待砂轮转速正常后，右手下压，用力要轻，下压不得用力过猛，否则造成砂轮片破碎飞出伤人。当砂轮片接近管子时，检查砂轮片是否对正切割线。确认无问题后，右手继续轻轻下压切割，直至将管子切断。然后切断电源，取出切断的管子（见图 3.1.6）。

3.1.2　断口处理

钢管切断后，锯口应锉平，管口应刮光，打掉毛刺飞边。同时切断处容易产生管口内缩，缩小的管口要用锉刀刮光。

3.1.3　质量标准

钢管切口平整，断面与钢管轴心线要垂直，切口质量不能影响套丝和焊接；管口内外要求无毛刺和铁渣；切口不应产生管口内缩，避免减少钢管的有效面积；镀锌钢管锌层无破坏。

图 3.1.6　砂轮切割机切割钢管

3.2　钢管的手工套丝

3.2.1　钢管螺纹

螺纹连接又称为丝扣连接，可用于介质工作压力不超 1MPa 的给水管道、温度不超过 120℃ 的热管道、压力不超过 0.2MPa 的蒸汽管道以及与螺纹阀门、带螺纹的设备等的连接。

1. 管螺纹类型及其连接

（1）圆柱形管螺纹，其螺纹直径与深度均相等，只是螺尾部分较粗一些。这种管螺纹接口严密性较差，但加工方便。

（2）圆锥形管螺纹，螺纹从尖端到根部的各圈螺纹直径不等，形成圆锥形。管子均加工成圆锥形管螺纹，圆锥形管螺纹与圆柱形管螺纹连接，接口较严密。

（3）钢管螺纹连接，一般采用圆锥外螺纹与圆柱内螺纹连接，简称为锥接柱，一般不采用柱接柱。锥接锥的螺纹连接最为严密，但因加工内锥螺纹配件困难，故锥接锥的方式很少采用。

2. 管螺纹连接要求

管螺纹的规格应符合管道安装规范要求（见表 3.2.1、表 3.2.2）。钢管与螺纹阀门连接时，钢管上的外螺纹长度应比阀门上的内螺纹长度短 1～2 扣丝，以避免因钢管拧过头顶坏阀门心。

表 3.2.1　　　　　　　圆锥形管螺纹尺寸

序号	管道公称直径		最小工作长度/	由管端到基面/
	mm	in	mm	mm
1	15	$\frac{1}{2}$	14	7.5
2	20	$\frac{3}{4}$	16	9.5
3	25	1	18	11
4	32		22	13
5	40		23	14
6	50	2	26	16
7	65		30	18.5
8	80	3	32	20.5
9	100	4	38	28.5

表 3.2.2　　　　　　连接阀门的圆锥形管螺纹尺寸

序号	管道公称直径		最小工作长度/	由管端到基面/
	mm	in	mm	mm
1	15	$\frac{1}{2}$	12	4.5
2	20	$\frac{3}{4}$	13.5	6
3	25	1	15	7

序号	管道公称直径		最小工作长度/	由管端到基面/
	mm	in	mm	mm
4	32		17	8
5	40		19	10
6	50	2	21	11
7	65		23.5	12
8	80	3	26	14.5
9	100	4	28	17

3.2.2 管螺纹加工

管螺纹加工的手工套丝方法如下：

（1）清除铰板上的钢屑，把与管径相应的板牙按编号装到铰板上（见图 3.2.1）。对正前挡板的刻度，使其与管径相吻合，然后拧紧固定螺栓。

图 3.2.1 管径相应的板牙接编号装到铰板上

（2）把管子卡紧在压力钳上，管端离钳中约 150mm。要求管口不得为椭圆，管子应平直。

（3）将铰板套在管端，调紧后挡。

（4）操作者站在正面按顺时针方向推进铰板，带上约两扣后，操作者侧身而站，扳动手柄。转动手柄时，要平稳协调，不得骤然用力，避免出现偏扣。为了润滑冷却，应在切削部位不断加油。如图 3.2.2 所示。

图 3.2.2 铰板攻丝

（5）在管上加工螺纹时，一般需 2～3 次完成，即第一次不要吃刀太深，套完一遍后调整标盘增加进刀量再套第二遍或第三遍。一般要求 DN32 的管子套 2 次，DN40～50 的管子套 3 次。DN70 及以上的管子以套 3～4 次为宜。

（6）丝扣套完后，松开后挡，退下铰板。

（7）把管件拧在管端螺纹上，以拧进 2～3 扣为宜。

3.2.3　成品保护

钢管套丝后，短时间内不进行连接时，刷一道机油用纸缠好。

3.2.4　质量标准

管螺纹加工精度应符合国家标准规定，螺纹断丝缺丝应不大于螺纹全扣数的 10%。

3.2.5　钢管套丝质量通病及其防治

钢管套丝质量通病及防治，见表 3.2.3。

表 3.2.3　　　　　钢管套丝通病及其防治

序号	质量通病	原因及其防治措施
1	螺纹不正	(1) 铰板上卡子未卡紧，铰板与管中心未重合；或因用力不均，铰板歪斜所致。 (2) 管道断面切、锯不平整
2	偏扣螺纹	管壁厚度不均所致
3	细丝螺纹	(1) 板牙顺序错乱或活动间隙过大所致。 (2) 二次套丝与一次套丝未对准
4	螺纹不光或断丝缺扣	(1) 进刀过猛或板牙不锐利（损坏）、有铁渣所致。 (2) 均匀进刀，需进行两三次套丝
5	螺纹有裂缝	(1) 竖向裂纹是焊接钢管的焊缝不牢固所致。 (2) 横向裂纹，是板牙进刀量太大或管壁较薄导致
6	连接时螺纹过松	套丝不合格，不适于多加填充材料处理，需重新开丝

3.3　电动套丝机的使用

电动套丝机使用时，应尽可能安放在平坦、坚硬的地面上（如水泥地面），如地面为松软的泥土，可在套丝机下垫上木板，以免震动而陷入泥土中。此外，后卡盘的一端应适当垫高一些，以防止冷却液流失及污染管道（见图 3.3.1）。

图 3.3.1　电动套丝机放在平坦、坚硬的地面上

3.3.1 套丝准备工作

安放好套丝机后，应做好如下准备工作：

（1）取下底盘上的铁屑筛盖子。

（2）清洁油箱，然后灌入足量的乳化液（也可用低黏度润滑油）。

（3）将电源插头插入电源插座。

（4）按下开关，稍后应有油液流出（否则应检查油路是否堵塞）。

3.3.2 管子的套丝步骤

做好上述准备工作后，即好进行管子的套丝，其步骤如下：

（1）根据套丝管子的直径，选取相应规格的板牙头的板牙，使板牙的1、2、3、4号码与板牙套口的号码相对应（见图3.3.2）。

图 3.3.2 板牙的1、2、3、4号码与板牙套口的号码相对应

（2）拨动把手，使拖板向右靠拢；旋开前头卡盘，插入管子（插入的管长应合适），然后旋紧前头卡盘，将管子固定（见图3.3.3）。

51

图 3.3.3　电动套丝机在攻丝

（3）按下开关，移动进刀手把，使板牙对准管端并稍施压力，入扣因螺纹的作用板牙头会自动进刀。

（4）将达到套丝所需长度时，应逐渐松开板牙头上的松紧手把至最大，板牙便沿径向退离螺纹面。

（5）切断电源，移动拖板，松开前卡盘，整个套丝完成。

如需割断管子，必须掀开板牙头的扩孔锥刀，放下割管器使切割刀对准管子的切断线，按下开关，即可切割。切割时，进刀不宜太深，以减小内口的挤压收缩。

如需进行管子扩口，同样必须掀开割管器和板牙头，将扩孔锥刀对准管口合上开关，即可实施扩管。

3.3.3 成品保护

钢管套丝后，短时间内不进行连接时，刷一道机油用纸缠好。

3.3.4 质量标准

管螺纹加工精度应符合国家标准规定，螺纹断丝缺丝不应大于螺纹全扣数的 10%。

3.4 液压弯管机的使用

3.4.1 质量标准

（1）弯管规格，尺寸应符合要求或规范规定。

（2）弯管不得有弯扁、裂缝等缺陷。

（3）当管径小于或等于 100mm 时，弯管椭圆率允许偏差值为 10%。

（4）当管径小于或等于 100mm 时，弯管折皱不平度允许偏差值为 4mm；当管径大于 100mm 时，弯管折皱不平度允许偏差值为 5mm。

3.4.2 质量通病及其防治

质量通病及其防治见表 3.4.1。

表 3.4.1　　　　弯管加工质量通病及其防治

质量通病	原因及其防治措施
钢管弯曲半径小，有弯扁、裂缝现象	操作弯管机时，要正确放置管缝位置，弯曲时逐渐向后移动钢管，不可过猛

3.5 液压滚槽机的使用

液压滚槽机的操作步骤如下：

（1）检查工件：所要加工的管口应平整、无毛刺，焊管内焊缝应磨平（见图 3.5.1）。

图 3.5.1　打磨管口

（2）将需要加工沟槽的管子固定在滚槽机下压轮和托架上，托架放置在管子中部略向外的位置（见图 3.5.2）。

图 3.5.2　管子固定在滚槽机下压轮和托架上

（3）调整管子，使之与托架处于水平或略高的位置，将管子端面与滚槽机的定位盘紧贴（见图 3.5.2）。

（4）启动滚槽机电机，先不要对上下滚轮加压，如果管子端面在旋转过程中总是靠在调整盘上，则转向是正确的；如果管子慢慢地从滚轮上退出来，则是反向旋转的。如图3.5.3所示。

图3.5.3 压槽

（5）徐徐扳动油泵手柄，压下滚轮至上滚轮轻微接触管子，此时关闭滚槽机电机，观察、测量所压的沟槽位置是否在规定的刻度内（见图3.5.4）。

图3.5.4 检查沟槽

（6）重新启动滚槽机，继续缓慢下压上滚轮，直至达到所要求的位置。

3.6 钢管的安装

钢管连接主要有以下几种方法。

3.6.1 螺纹连接

螺纹接口如图 3.6.1 所示。

图 3.6.1 螺纹接口

（1）管螺纹质量要求：螺纹长度应符合要求，松紧适宜，并应有一定的锥度。

（2）螺纹连接要求：按管输送介质的性质，填料选用白厚漆麻丝或四氟乙烯生料带，而且应按顺时针缠绕。

（3）管螺纹连接工具：管钳是螺纹接口拧紧常用的工具，有张开式（见图 3.6.2）和链条式（见图 3.6.3）两种，张开式管钳应用比较广泛，其规格及使用范围（见表 3.6.1、表 3.6.2）。管钳的规格以它的全长尺寸划分，每种规格能在一定范围内调节钳口的宽度，以适应不同直径的管子。安装不同管径的管子应选用相应号数的管钳，否则，若小管径用大号管钳，易因用力过大而胀破管件或阀门；大管径用小号管钳，费力且不易拧紧，还易损坏管钳。使用管钳时，不得用管子套在管钳手柄上加力，以致损坏管钳或出安全事故。

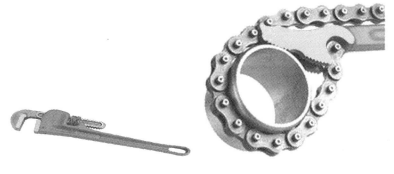

图 3.6.2 张开式管钳　　　　图 3.6.3 链条式管钳

表 3.6.1　张开式管钳的规格及使用范围

规格	mm	150	200	250	300	350	450	600	900	1200
	in	6	8	10	12	14	18	24	36	48
管径/mm		4～8	8～10	8～15	10～20	15～25	32～50	50～80	65～100	80～125

表 3.6.2　链条钳的规格及使用范围

规格		链长	适用管子规格
mm	in	/mm	/mm
900	36	700	40～100
1000	42	870	50～150
1200	50	1070	50～250

（4）螺纹连接施工：首先根据配件的结构尺寸计算出管子的长度，再清除材料上的油污与杂物，使接口处保持洁净。然后将管子与管件的接口试拧一次，使得拧入（表3.6.3）后尚留有几丝螺纹的胀间隙，插入深度确定后，应在管子表面划出标记。

安装时，先用手拧紧管件，并用链条扳手或专用扳手加以拧紧。用力应适量，以防止胀裂管件。填料采用白厚漆麻丝或四氟乙烯生料带，一次拧紧，不得回拧，拧紧管件时使螺纹外露2～3丝。管道连接后，把挤到螺纹外面的填料清理干净，填料不得挤入管腔，以免阻塞管路，同时应对裸露的螺纹进行防腐处理。

表3.6.3　　　　管螺纹标准旋入螺纹扣数及标准紧固扭矩

公称直径 /mm	拧入		扭矩/(N·m)	管钳规格/mm× 施加压力/kN
	长度/mm	螺纹扣数		
15	11	6.0～6.5	40	350×0.15
20	13	6.5～7.0	60	350×0.25
25	15	6.0～6.5	100	450×0.30
32	17	7.0～7.5	120	450×0.35
40	18	7.0～7.5	150	600×0.30
50	20	9.0～9.5	200	600×0.40
65	23	10.0～10.5	250	900×0.35
80	27	11.5～12.0	300	900×0.40

3.6.2　DN80以下不锈钢管环压连接

（1）施工工艺流程：给水和热水系统采用不锈钢管，DN80以下采用环压连接。施工工艺流程如图3.6.4所示。

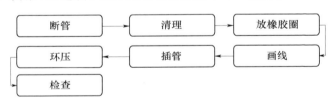

图3.6.4　DN80以下不锈钢管环压连接工艺流程

（2）主要施工方法：在断管之前需做现场测量，与施工图纸做比对，如建筑尺寸无误，才可按图下料。

1）断管主要施工机具见表3.6.4。

表 3.6.4　　　　　　　　　　　断管主要施工机具

施工机具名称	施工机具图
超强不锈钢管切割器（适用于管径 10～40mm）	
倒链不锈钢管切割器（适用于管径 10～100mm）	
AXXAIR 不锈钢管切割机	

2）环压主要施工机具见表 3.6.5。

表 3.6.5　　　　　　　　　　　环压施工机具

施工机具名称及其简介	施工机具图
不锈钢管液压环压钳（适用于 10～80mm 规格管子）。薄壁不锈钢环压管件端口部分有环状凹槽，且槽内装有橡胶密封圈，安装时用环压钳使凹槽凸缩径，将薄壁不锈钢管道、管件承插部位卡成六角形	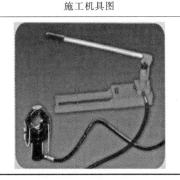

3）薄壁不锈钢管道环压连接安装步骤见表 3.6.6。

表 3.6.6　　　　薄壁不锈钢管道环压连接安装步骤

序号	安装步骤	安装说明	安装图
1	断管	使用切管设备切断管子，为避免刺伤密封圈，使用专用锉刀将毛刺完全除净，将密封橡胶圈放置适当位置	
2	画线	使用画线器在管端画标记线一周，做记号，以保证管子插入深度正确	
3	插管	将管子笔直地插入挤压式管件内，注意不要碰伤橡密封圈，并确认管件端部与画线位置的距离，公称直径 10～25mm 时为 3mm；公称直径 32～100mm 时为 5mm	

序号	安装步骤	安装说明	安装图
4	环压	把环压工具钳口的环状凹槽与管件端部内装有橡胶圈的环状凸部靠紧，钳口应与管子轴心线垂直，开始作业后，凹槽部应咬紧管件，直到产生轻微振动才可结束环压连接过程	
5	确认环压尺寸	用六角量规确认尺寸是否正确，封压处完全插入六角量规即为封压正确	

管子插入长度基准值见表 3.6.7。

表 3.6.7　　　　　管子插入长度基准值　　　单位：mm

管径	10	15	20~25	32	40	50	65	80	100
插入长度基准值	18	21	24	39	47	52	53	60	75

薄壁不锈钢管道与阀门、水表、水嘴等的连接采用转换接头，严禁在薄壁不锈钢管上套丝。

3.6.3　DN100 以上钢管沟槽卡箍连接

（1）施工工艺流程：DN100 以上钢管采用沟槽卡箍连接，

其施工工艺工程如图 3.6.5 所示。

图 3.6.5　DN100 以上钢管槽卡箍连接工艺流程

（2）主要施工方法。

1）主要施工机具：砂轮切割机、钢管切割机、AXXAIR 不锈钢管切割机、压槽机、开孔机。

2）管道切割：利用上述提到的三种切割器（机），按图纸要求进行管道切割。

3）管道沟槽制作。

a.固定压槽机：把压槽机固定在铁板基座上，必须确保压槽机稳定、可靠。

b.检查压槽机：检查压槽机试运转是否良好，发现异常情况应及时向机具维修人员反映，以便及时解决。

c.架管：把管道垂直于压槽机的驱动轮挡板水平放置，使钢管和压槽机平台在同一个水平面上，管道长度超过 0.5m 时，要有能调整高度的支撑尾架，且把支撑尾架固定、防止摆动。

d.检查压轮：检查压槽机使用的驱动轮和压轮是否与所压的管径相符。

e.确定沟槽深度：旋转定位螺母，调整好压轮行程，确定沟槽深度和沟槽宽度。

f.压槽：操作液压手柄使上滚轮压住钢管，然后打开电源开关，操动手压泵手柄均匀缓慢下压，每压一次手柄行程不超过 0.2mm，钢管转动一周，一直压到压槽机上限位螺母到位为止，然后让机械再转动两周以上，以保证壁厚均匀；用压槽机压槽时，管道应保持水平，且与压槽机驱动轮挡板呈 90°，压槽时应保持持续渐进。

g. 检查：检查压好的沟槽尺寸（见表 3.6.8），如不符合规定，再微调，进行第二次压槽，再一次检查沟槽尺寸，以达到规定的标准尺寸。

表 3.6.8　　　　　　　　槽　深　要　求　　　　　　单位：mm

公称直径	沟槽至管端尺寸	沟槽深度	沟槽宽度
DN100	15.9	2.11	8.74
DN125	15.9	2.11	8.74
DN150	15.9	2.16	11.91
DN200	19.1	2.34	11.91
DN250	19.1	2.39	11.91
DN300	19.1	2.77	11.91

4) 钢管沟槽卡箍连接。

a. 上橡胶垫圈：将橡胶圈套入钢管端头，注意不得损坏橡胶圈。

b. 管道连接：将另一根钢管与该管对齐，两根钢管之间留有一定间隙，移动胶圈，调整胶圈位置，使胶圈与两侧钢管的沟槽距离相等。

c. 涂润滑剂：在管道端部和橡胶圈上涂上润滑剂。

d. 安装卡箍：将卡箍上、下紧扣在密封橡胶圈上，并确保卡箍凸边卡进沟槽内。

e. 拧紧螺母：用手压紧上下卡箍的耳部，使上下卡箍靠紧并穿入螺栓，螺栓的根部椭圆颈进入卡箍的椭圆孔，用扳手均匀轮换同步进行拧紧螺母，确认卡箍凸边全部在沟槽内。

5) 沟槽管件连接见表 3.6.9。

3.6.4　HDPE 给水管热熔连接与电熔连接

（1）施工工艺流程：HDPE 给水管，DN80 以下采用热熔器连接，DN100 以上采用热熔对接连接。

表 3.6.9　　　　　　　　　　沟 槽 管 件 连 接

管件连接说明	管件连接图
直接头	有刚性和绕性两种接头可供选择，后者适用于泵房管道和主塔楼重力雨水管	垫圈　外壳　沟槽　螺母/螺栓
机械三通	在管上进行钻孔，在孔中借助安装环定位	垫圈　外壳　螺纹出口　定位安装环　螺母/螺栓
沟槽式接头	应符合国家现行的有关产品标准，其工作压力应与管道工作压力相匹配	

热熔连接、电熔连接工艺流程如图 3.6.6、图 3.6.7 所示。

图 3.6.6 HDPE 给水管热熔连接工艺流程

图 3.6.7 HDPE 给水管电熔连接工艺流程

（2）主要施工方法：HDPE 管热熔连接，DN50 以下采用热熔器连接，DN65 以上电动液压热熔机热熔对接。

1）热熔连接。

a. 热熔连接：主要施工机具见表 3.6.10。

表 3.6.10 电动液压热熔机

液压机具名称	液压机具图
电动液压设备和机架	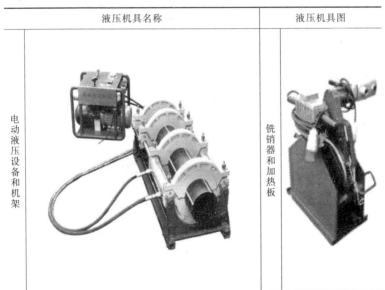
铣销器和加热板	

b. 热熔器连接步骤及其技术参数见表 3.6.11、表 3.6.12。

表 3.6.11　　　　　　　　热熔器连接安装步骤

序号	安装步骤	安装说明
1	切管	用专用切割器切割管件
2	清洁	用抹布擦拭管子与管件连接面，保证清洁，无油渍
3	标记	用尺子和记号笔在管端测量并标出热熔深度
4	更换热熔头	给热熔器换上相应规格的热熔头
5	预热	接通电源，待工作指示灯亮后，方可开始工作
6	加热	加热时，无旋转的把管端导入加热模具的加热套内，插入到所标志的深度，同时，把管件无旋转的放到另一端加热头上，达到规定标志处
7	连接	达到规定热熔时间后，把管子和管件从加热套和加热头上同时取出，迅速无旋转地直线均匀插入到所标志的深度，保证管子与管件同轴，同时接头形成均匀的凸缘
8	冷却	连接完毕后需静置一定时间

表 3.6.12　　　　　　　　热熔连接技术参数

管材外径/mm	20	25	32	40	50	63
熔接深度/mm	14	16	20	21	22.5	24
加热时间/s	5	7	8	12	18	24
加工时间/s	4	4	6	6	6	6
冷却时间/s	3	3	4	5	6	6

　c. 电动液压热熔机热熔对接步骤见表 3.6.13。

表 3.6.13　　　　　　电动液压热熔机热熔对接安装步骤

序号	安装步骤	安装图	安装说明
1	上夹具		用熔焊机的夹具夹紧两管，并清洁管端
2	铣连接面		用铣刀切平端口
3	调直		调整两管中心轴线在一条直线上

序号	安装步骤	安装图	安装说明
4	加热		将熔焊机的加热工具放在两端面之间，施热加压
5	冷却		拿走加热工具，冷却一定时间，然后卸压

d. HDPE 管热熔对接工艺及其技术参数见表 3.6.14。

表 3.6.14　　　HDPE 管热熔对接工艺及其技术参数

公称壁厚 /mm	对接工艺			
	预热	熔融	切换	对接
	压力：0.15MPa 温度：(210±10)℃	压力：0.01MPa 温度：(210±10)℃		焊接压力：0.15MPa
	预热时卷边高度/mm	加热时间/s	允许最大切换时间/s	冷却时间/min
2～3.9	0.5	30～40	4	4～5
4.3～6.9	0.5	40～70	5	6～10
7～11.4	1.0	70～120	6	10～16
12.2～18.2	1.0	120～170	8	17～24
20.1～25.6	1.5	170～210	10	25～32

2）HDPE 管电熔连接：见表 3.6.15。

表 3.6.15　　　　　　HDPE 管电熔连接示意

机具各段及图	电熔连接图
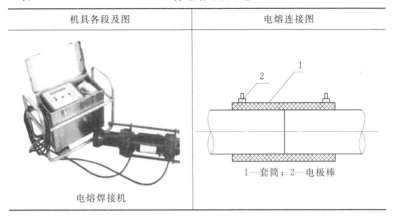 电熔焊接机	1—套筒；2—电极棒

3.6.5　法兰连接

法兰连接（见图 3.6.8）是一种连接强度较高而又便于拆卸的连接方法。

图 3.6.8　法兰连接

3.7　阀门安装

3.7.1　阀门施工工艺流程

给水工程中一般 $DN50$ 以下采用截止阀，$DN65$ 以上采用闸阀，不锈钢或铜材质。生活给水采用不锈钢或铜质消声缓闭止回阀，水泵出水采用不锈钢或铜质防水锤止回阀。消防阀门选用球墨铸铁阀体、不锈钢阀板和转轴。其施工工艺流程如图3.7.1所示。

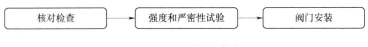

图3.7.1 阀门施工工艺流程

3.7.2 阀门主要施工方法

阀门安装前按设计要求，检查其种类、规格、型号及质量，阀杆不得弯曲，按规定对阀门进行强度和严密性试验。试验应以每批（同牌号、同规格、同型号）数量中抽查10%。且不少于一个，对于安装在主干管上起切断作用的闭路阀门，应逐个做强度和严密性试验。强度试验压力为公称压力的1.5倍，严密性试验压力为公称压力的1.1倍。检验是否泄漏，并做好阀门试验记录。

水平管道上的阀门安装位置尽量保证手轮朝上，或者倾斜45°，或者水平安装，不得朝下安装。

法兰式阀门（见图3.7.2）安装，阀门法兰盘与管道法兰盘平行，法兰垫片置于两法兰盘的中心密合面上，注意放正，然后沿对角线上紧螺栓，最后全面上紧所有螺栓。

螺纹式阀门（见图3.7.3）安装，要保持螺纹完整，加入填料后螺纹应有3扣的预留量。

大型阀门吊装时，应将绳索拴在阀体上，不准将绳索系在阀杆、手轮上。

截止阀、止回阀、减压阀、疏水阀和蝶阀（中心垂直板式蝶阀除外）是有方向性的，安装时方向不能装反。闸阀和中心垂直板式蝶阀没有方向规定。

闸阀阀杆一般垂直安装，其余阀门尽量保证手轮朝上，或者倾斜45°，或者水平安装，严禁倒装。升降式止回阀只能安装在

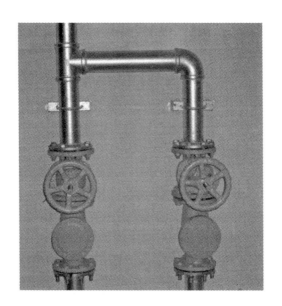

图 3.7.2　法兰式阀门连接安装

图 3.7.3　阀门螺纹连接安装

水平管道上。减压阀宜安装在水平管道上。

阀门安装的位置除施工图注明尺寸外，一般依据现场实际情况，做到不妨碍设备的操作和方便今后的维修，同时也便于阀门自身的拆装与检修。

所有的阀门在安装完毕后，均用明显的标示牌标示出阀门的开闭情况。

3.8 室内水表的安装

3.8.1 水表安装的安全注意事项

（1）使用管钳操作时，要选用适合规格的管钳。

（2）水表连接处如用铜质零件时，应对钳口用布包扎或在钳口处加软垫，防止损伤铜件。

（3）当给水系统在进行冲洗时，应将水表卸下，待冲洗完后再复位。

3.8.2 水表安装的操作指导

水表安装形式分有旁通管和无旁通管两种。水表安装要求如下：

（1）先检查水表的型号、规格，要与设计要求相符。

（2）便于检修不受晒、污染、不致冻结。

（3）应先除管内污物，以免塞水表。

（4）注意水流的方向。

（5）在墙上标出水表、阀门、活节等配件安装位置及水表前后所需直线管段长度，再由前往后逐段量尺、下料、配管连接。

（6）水表安装应找正。

（7）水表承受压力与最高水温应符合产品说明。

（8）不得将水表放在井底层上，应设支墩。

3.8.3 水表安装的主要施工方法

（1）先检查水表的型号、规格是否与设计要求相符，是否有产品质量检验合格证。

（2）核对预留水表分支的接头、口径、标高及水表位置的实际环境，各项均应满足施工安装的技术要求。

（3）在墙上标出水表、阀门、活节等配件安装位置及水表前后所需直线管段长度，再由前往后逐段量尺、下料、配管连接。

（4）水表安装（见图3.8.1）时要注意以下几个方面：

1）水表箭头方向应与流水方向相一致；对螺翼式水表，表前与阀门应有8～10倍水表直径的直线管段；对其他水表，表前后就有不小于300mm的直线管段。

2）水表支管除表前、后需有直线管段外，其他超出部分管段应设乙字弯沿墙敷设，支管长度大于1.2m时，应设管卡固定。

3）水表安装应平正，进水口中心距地面标高符合设计要求。

4）水表外壳距墙内表面距离为10～30mm。

5）管道螺纹连接口处，根部有外露螺纹，将多余油麻清理干净，对破损的镀锌层表面做好防腐处理后，再刷银粉。

6）水表连接处如使用铜质零件时，应对钳口用布包扎或在钳口处加以软垫，防止损伤铜件。

7）当给水系统在进行冲洗时，应将水表卸下，待冲洗完毕后再行复位。

3.8.4 水表安装的质量标准

（1）进水口中心距地面高度符合设计要求。

（2）水表外壳距墙表面距离为10～30mm。

（3）水表前后有符合规范规定的直线管段距离。

（4）管道螺纹连接口处，根部有外露螺纹，将多余油麻清理干净，对破损的镀锌表面做好防锈（腐）处理，再刷银油。

3.8.5 水表安装的质量通病及其防治措施

水表安装质量通病及其防治措施，见表3.8.1。

图 3.8.1　水表安装

表 3.8.1　　　　　水表安装质量通病及其防治措施

序号	质量通病	原因及防治措施
1	水表外壳离墙表面距离过近或过远	立管位置限制，进行管路调整，可采用配件修正
2	前后直线管段长度不符合要求	直线管段长度下管有误，可重新调整管路

3.9　给水管道系统水压试验

在给水管道安装完成且对管道进行冲洗后，即可进行管道的水压试验，其具体步骤如下：

（1）在给水管道的最高处安装自动排气阀，把试压管道与试压泵出水管相连。

（2）向水压试验给水管道注水，管内注满水后，宜将水压保持在 0.2～0.3MPa。

（3）开始给水管道水压试验，应逐步加压，每次加压 0.2MPa 为宜，每次加压后，检查没有问题，再继续加压；加压接近试验压力时，稳压一段时间检查。彻底排除气体，然后加至试验压力。

（4）加至试验压力后，如满足以下要求即为合格。

1）金属及复合管给水管道系统，在试验压力下观测 10min，压力降不应 0.02MPa，然后降到工作压力进行检查，应不渗不漏。

2）塑料管给水系统应在试验压力下稳压 1h，压力降不得超过 0.05MPa，然后在工作压力的 1.15 倍状态下稳压 2h，压力降不得超过 0.03MPa，同时检查各连接处不得渗漏。

（5）给水管道系统试压合格后，应及时将存水放空，防止积水冬季冻结而破坏管道。

（6）填写管道系统试压记录，并存入工程档案，随工程的完工转交给建设单位留存。

3.10 水泵的安装

3.10.1 施工工艺流程

给水泵的施工工艺流程如图 3.10.1 所示。

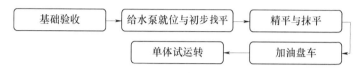

图 3.10.1 水泵施工工艺流程

3.10.2 主要施工方法

1. 给水泵的安装

给水泵的安装步骤及安装说明，见表 3.10.1。

表 3.10.1　　　　　给水泵的安装步骤及安装说明

序号	安装步骤	安装说明
1	水泵就位 与初步找平	水泵运输到指定位置后，进行设备吊运安装，准确就位于已经做好的设备基础上，然后穿上地脚螺栓并带螺帽，基座底下放置垫铁，以水平尺初步找平，地脚螺栓内灌混凝土（见图 3.10.2）
2	精平与抹平	待混凝土凝固期满进行精平并拧紧地脚螺栓帽，每组垫铁以点焊固定，基础表面打毛，水冲洗后以水泥砂浆抹平
3	加油盘车	检查泵上油杯和向孔内注油，盘动联轴器，使水泵电动机转动灵活
4	单体试运转	将泵出水管上阀件关闭，随泵启动运转再逐渐打开，并检查电动机温升、水泵运转、压力表数值、接口严密程度有无异常，是否符合要求

2. 给水泵与管道之间的连接

水泵与管道之间也必须进行减振处理，在水泵进出水口处加

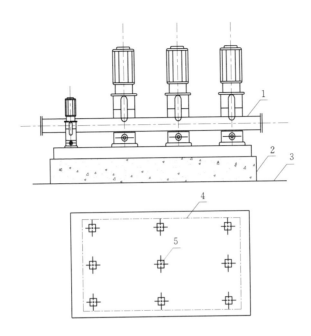

注：水泵基础平面尺寸可以按照每边超出水泵基座边缘100～150mm确定。

图 3.10.2 泵安装基础示意图

1—吸入管；2—水泵基础；3—地面；4—水泵基座；5—螺栓

可曲挠橡胶减振接头，使水泵的振动尽可能少地传到管路上，从而增加管路及阀门的使用寿命，减少事故发生，悬吊管以弹性隔振吊架固定。水泵出水口宜采用防水锤消声止回阀。卧式给水泵管路连接见图3.10.3。

3. 水泵控制要求

主泵和备用泵自动轮换启动，控制箱上设手动控制及手动/自动转换；在消防中心直接控制及状态、故障信号；热保护作用于信号，不作用于停机；消防水池设水位控制器，水位自动控制。

4. 水泵单机试运行

水泵单机运行注意事项，见表3.10.2。

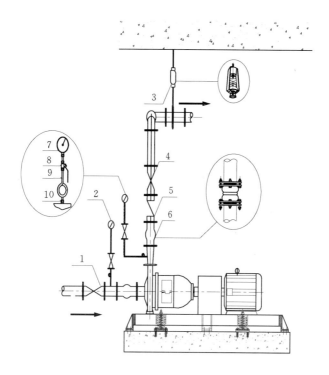

图 3.10.3　卧式水泵管路连接图

1—蝶阀或闸阀；2—压力表；3—弹性吊架；4—蝶阀或闸阀；5—止回阀；
6—软接头；7—压力表盘；8—旋塞阀；9—钢管；10—接头

表 3.10.2　　　　　　　　水泵单机运行注意事项

名称	注意事项
准备	（1）检查地脚螺栓应无松动。 （2）各润滑部位已加注润滑油，需要冷却的部位已加注冷却油。 （3）各指示仪表、安全保护装置及电控装置均应灵敏、准确、可靠。 （4）应打开风罩用手先盘车，检查是否灵活。 （5）打开进口阀门、排气阀，使水充满泵腔，然后关闭排气阀。 （6）点动电机，确定转向是否正确

名称	注意事项
运行	（1）全开进口阀，关闭出口管路阀门。 （2）接通电源，当泵转速达到正常后，再打开出口管道阀门，并调节至所需工况。 （3）观察泵运行后有无异常情况，如有异常情况应立即停车检查，处理后再运行
停车	（1）逐渐关闭出口阀门后，切断电源。 （2）关闭进口阀

5. 给水泵其他各项要求

（1）给水泵（见图 3.10.4）叶轮中心若比吸水面低时，不需灌水，只需将泵内空气放净即可；若水泵叶轮中心比吸水面高，应先打开吸入管路阀门和放气嘴，关闭排出管路阀门，待放气嘴有水涌出、转速正常后，再打开出口管路的阀门，并将泵调节至设计工况。

图 3.10.4　给水泵

（2）给水泵在关闭阀门情况下启动，运行时间一般不应超过2～3min，如时间太长，则可能由于泵内液体发热造成事故，应及时停车。

（3）水泵试运转时要注意电动机温升、水泵运转、压力表及真空表的指针数值、接口严密程度等应符合标准规范要求，具体要求如下：

1）运转中不应有异常振动和声响，各静密封处不得泄漏，紧固连接部位不应出现松动。

2）轴承温升必须符合设备说明书的规定。滑动轴承的最高温度不得超过70℃，滚动轴承的最高温度不得超过75℃。

3）水泵的安全保护和电控装置及各部分仪表，均应灵敏、准确、可靠。

4）水泵在设计负荷下连续试运转时间不应少于2h。

5）轴封填料的温升应正常，在无特殊要求的情况下，普通填料泄漏量不得大于35～60mL/h，机械密封的泄漏量不得大于10mL/h；

6）电动机的电流和功率不应超过额定值。

（4）水泵停止运转后应符合下列要求：先缓缓关闭泵出口处的阀门，待泵冷却后再依次关闭附属系统的阀门，然后切断电源停泵；应放尽泵内积存的液体，防止锈蚀。